公路施工安全教育系列丛书——工种安全操作
本书为《公路施工安全视频教程》配套用书

模板工
安全操作手册

广东省交通运输厅 组织编写
广东省南粤交通投资建设有限公司
中铁隧道局集团有限公司 主编

人民交通出版社股份有限公司
China Communications Press Co.,Ltd.

内 容 提 要

本书是《公路施工安全教育系列丛书——工种安全操作》中的一本，是《公路施工安全视频教程》(第五册 工种安全操作)的配套用书。本书主要介绍模板工安全作业的相关内容，包括：模板工简介，模板工岗位职责及安全风险，模板工基本要求，模板工作业要点及安全注意事项，模板的存放等。

本书可供模板工使用，也可作为相关人员安全学习的参考资料。

图书在版编目(CIP)数据

模板工安全操作手册/广东省交通运输厅组织编写；广东省南粤交通投资建设有限公司，中铁隧道局集团有限公司主编. — 北京：人民交通出版社股份有限公司，2018.12

ISBN 978-7-114-15049-4

Ⅰ. ①模… Ⅱ. ①广… ②广… ③中… Ⅲ. ①模板—建筑工程—工程施工—技术手册 Ⅳ. ①TU755.2-62

中国版本图书馆 CIP 数据核字(2018)第 225948 号

Mubangong Anquan Caozuo Shouce

书　　名：模板工安全操作手册
著 作 者：广东省交通运输厅组织编写
　　　　　广东省南粤交通投资建设有限公司　中铁隧道局集团有限公司主编
责任编辑：韩亚楠　崔　建
责任校对：宿秀英
责任印制：张　凯
出版发行：人民交通出版社股份有限公司
地　　址：(100011)北京市朝阳区安定门外外馆斜街 3 号
网　　址：http://www.ccpcl.com.cn
销售电话：(010)59757973
总 经 销：人民交通出版社股份有限公司发行部
经　　销：各地新华书店
印　　刷：北京建宏印刷有限公司
开　　本：880×1230　1/32
印　　张：1.375
字　　数：37 千
版　　次：2018 年 12 月　第 1 版
印　　次：2023 年 5 月　第 3 次印刷
书　　号：ISBN 978-7-114-15049-4
定　　价：15.00 元

编委会名单

EDITORIAL BOARD

《公路施工安全教育系列丛书——工种安全操作》
编审委员会

《模板工安全操作手册》
编 写 人 员

致工友们的一封信

LETTER

亲爱的工友：

你们好！

为了祖国的交通基础设施建设，你们离开温馨的家园，甚至不远千里来到施工现场，用自己的智慧和汗水将一条条道路、一座座桥梁、一处处隧道从设计蓝图变成了实体工程。你们通过辛勤劳动为祖国修路架桥，为交通强国、民族复兴做出了自己的贡献，同时也用双手为自己创造了美好的生活。在此，衷心感谢你们！

交通建设行业是国家基础性和先导性行业，也是安全生产的高危行业。由于安全意识不够、安全知识不足、防护措施不到位和违章操作等原因，安全事故仍时有发生，令人非常痛心！从事工程施工一线建设，你们的安全牵动着家人的心，牵动着广大交通人的心，更牵动着党中央及各级党委、政府的心。为让工友们增强安全意识，提高安全技能，规范安全操作，降低安全风险，保证生产安全，我们组织开发制作了以动画和视频为主要展现形式的《公路施工安全视频教程》（第五册　工种安全操作），并同步编写了配套的《公路施工安全教育系列丛书——工种安全操作》口袋书。全套视频教程和配套用书梳理、提炼了工种操作与安全生产相关的核心知识和现场安全操作要点，易学易懂，使工友们能知原理、会工艺、懂操作，在工作中做到保护好自己和他人不受伤害。

请工友们珍爱生命，安全生产；祝福你们身体健康，工作愉快，家庭幸福！

广东省交通运输厅

二〇一八年十月

目录

CONTENTS

1 模板工简介 …… 1

2 模板工岗位职责及安全风险 …… 7

3 模板工基本要求 …… 13

4 模板工作业要点及安全注意事项 …… 15

5 模板的存放 …… 31

1 PART 模板工简介

1.1 模板工定义

模板是指将混凝土结构构件按规定的位置、几何尺寸成形，并承受模板自重及外部荷载的一种临时支护结构。模板工是进行模板的制作、安装、拆除及浇筑过程监控的人员。

模板制作

模板安装

模板拆除

混凝土浇筑

模板工常用的设备及工具有圆盘锯、钻床、刨床、扳手、电钻、电锯、铁锤、钳子、垂球、水平尺、角尺等。

圆盘锯

钻床

刨床 扳手 电钻
电锯 铁锤 钳子
垂球 水平尺 角尺

1.2 模板系统的分类及组成

（1）按其所用的材料不同分为木模板、钢模板、钢木模板、钢竹模板、胶合板模板、塑料模板、铝合金模板等。

木模板

钢模板

钢木模板

钢竹模板

胶合板模板

塑料模板

铝合金模板

(2)按模板形式不同分为组合模板、定型模板、工具式模板、爬升模板、滑升模板等。

组合模板

定型模板

工具式模板

爬升模板

滑升模板

(3)模板体系包括模板、支架及紧固件三大部分。模板由面板、次肋、主肋等组成。

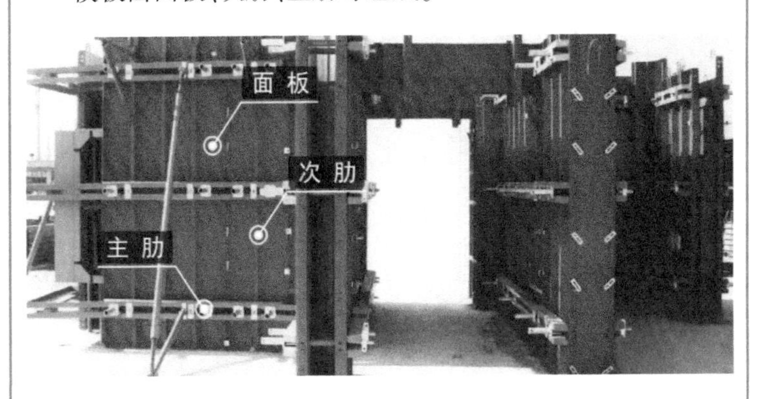

支架有支撑、桁架、系杆及对拉螺栓等不同的形式。

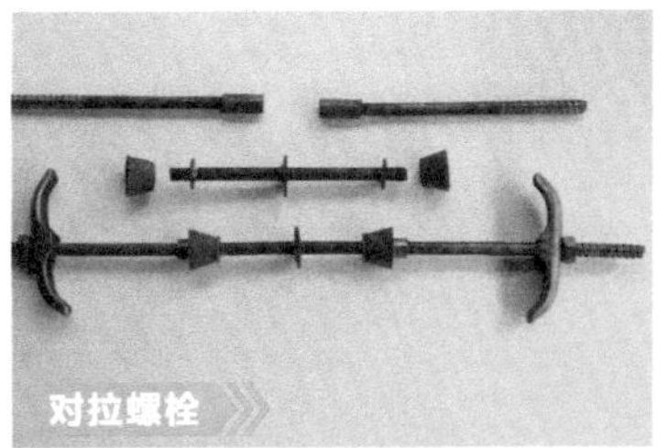

紧固件有卡销、螺栓、扣件、卡具、拉杆等。

卡销

扣件

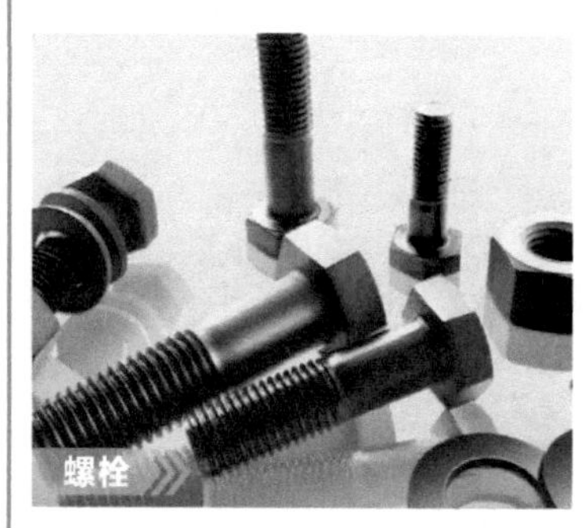
螺栓

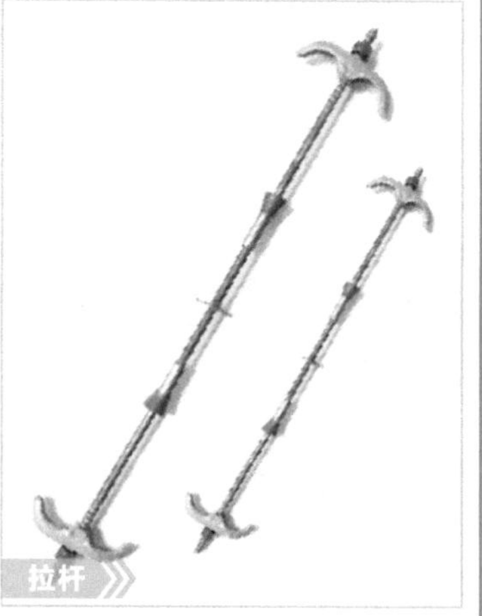
拉杆

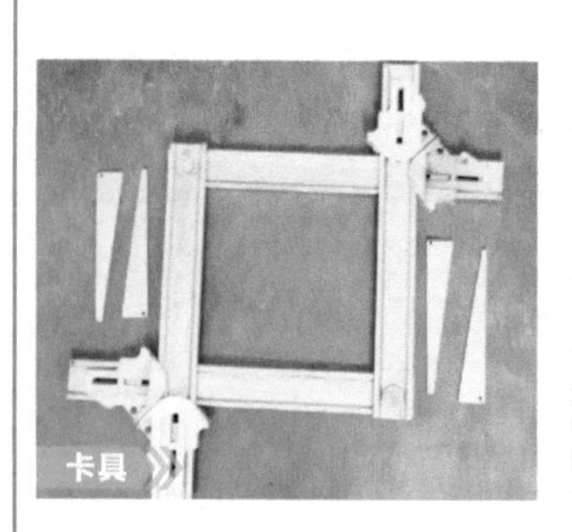
卡具

2 PART 模板工岗位职责及安全风险

2.1 模板工岗位职责

(1) 严格遵守项目规章制度及作业安全操作规程。

(2)根据作业内容及所处环境规范佩戴劳动防护用品。

(3)接受技术及安全交底培训,并按交底要求规范作业。

(4)服从现场指挥,对违章指挥、强令冒险作业有权拒绝,对他人的违章操作应加以劝阻和制止。

(5)做好设备(圆盘锯、电钻、手持电锯)及工具的日常维护保养。

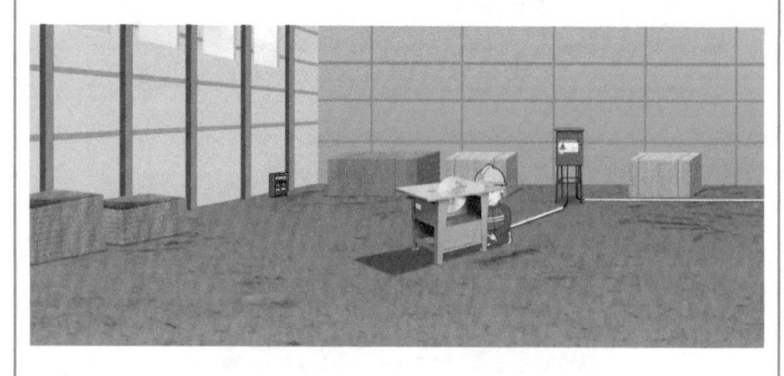

2.2 模板作业风险分析

模板作业的主要风险有模板体系坍塌、爆模、机械伤害、高处坠落、物体打击、起重伤害、触电。

(1)模板体系坍塌：指模板、支撑体系倒塌引起的事故。主要为模板安装或施工不合理而造成的倒塌。

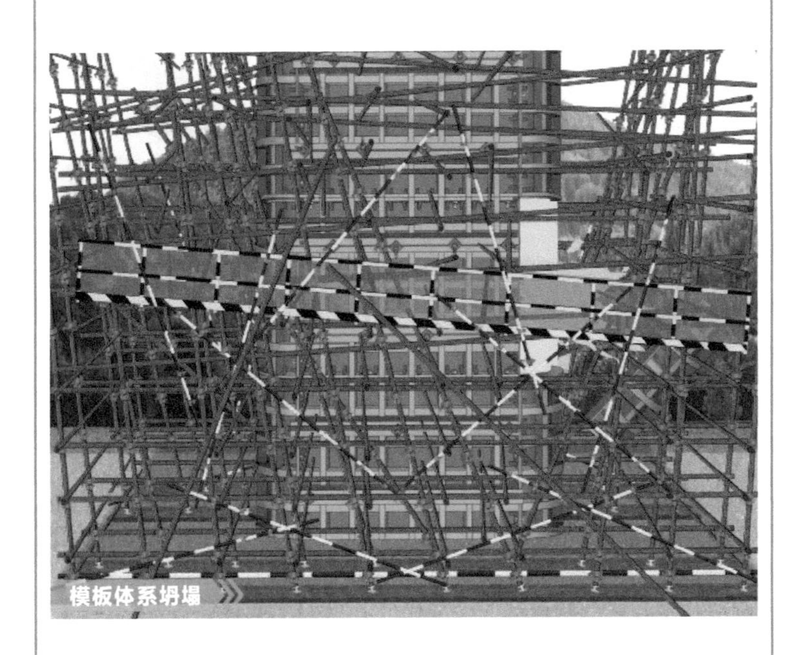
模板体系坍塌

(2)爆模:指模板加固不紧,浇筑时引起的裂开,导致混凝土流出到外面无法浇筑,甚至出现模板坍塌。

(3)机械伤害:指机械设备或工具引起的绞、辗、碰、割、戳、切等伤害。但由车辆、起重设备造成的伤害除外。

(4)高处坠落:指在高于基准面 2m 及以上进行作业时,发生人员坠落引起的伤害事故。

(5)物体打击:指由于失控物体的惯性力造成的人身伤害事故。

(6)起重伤害:指在各种起重作业(包括吊运、安装、检修、试验)中发生的重物坠落、夹挤、物体打击、起重机倾覆、触电等事故引起的伤害。

(7)触电:指人体直接接触电源或电流经过导电介质传递通过人体时引起的事故,主要为触电、雷击伤害。

3 PART 模板工基本要求

(1)模板工应年满 18 周岁,不超过 55 周岁,且身体健康,不患有心脏病、癫痫、高血压、恐高等疾病。

(2)应经过职业技能培训并熟练掌握岗位操作技能。

(3)必须接受入场安全教育培训,考试合格后方可上岗。

模板工作业要点及安全注意事项

4.1 模板加工制作

(1)制作钢模板不得使用扭曲、变形、开裂及孔洞过多的钢板。

制作木模不得使用腐朽、扭裂和结疤较大等木料。

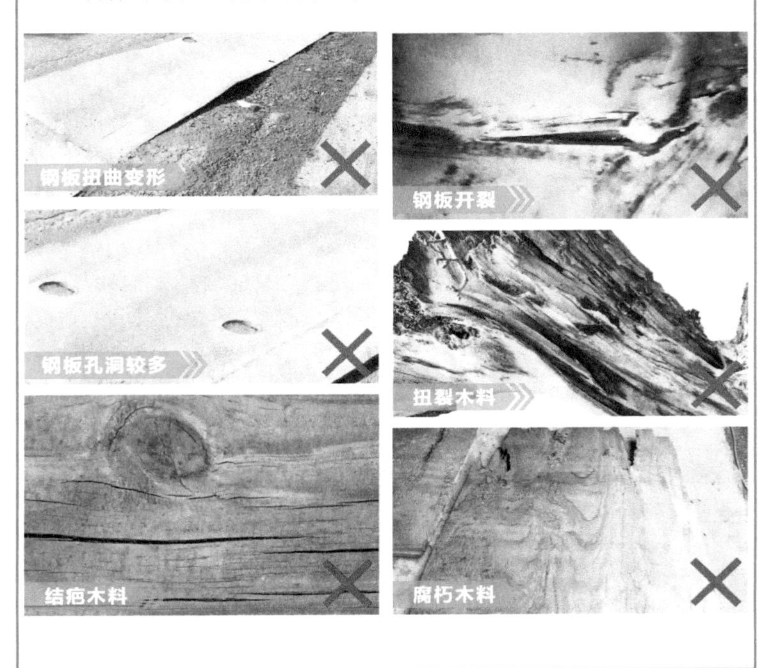

（2）制作钢木结合模板，钢、木加工场地应分开，并应及时清除锯末、刨花和木屑等杂物，避免造成火灾。

（3）钢模打孔应采用电钻或钻床等冷加工设备，不得使用氧气乙炔。

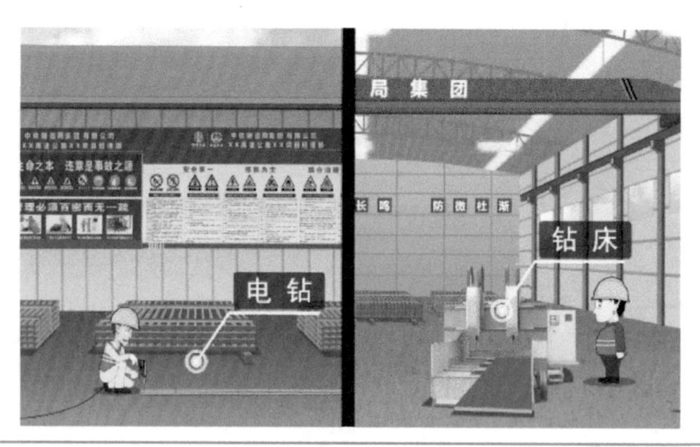

（4）木模制作及堆放场地不得进行明火作业，且与明火保持30m以上安全距离，并设置消防器材。作业过程中严禁吸烟，焚烧各种垃圾、废料。

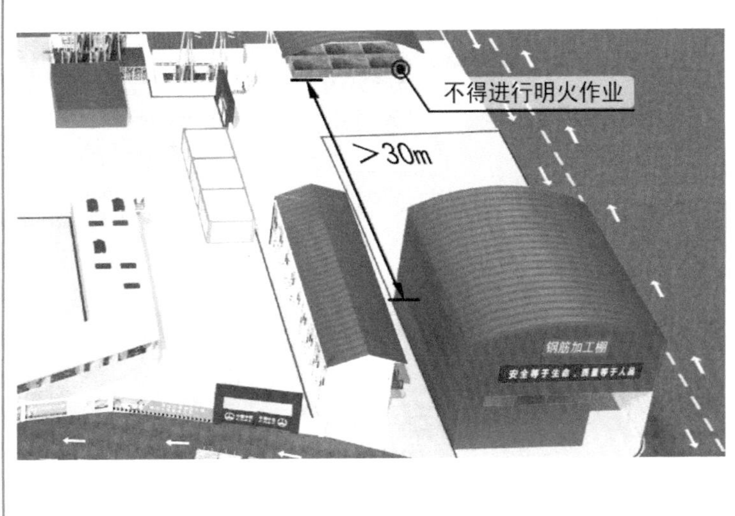

(5)施工中使用的钉子、锤子等工具应放在工具包内,不准随处乱丢。

(6)模板应按设计方案设置纵、横及斜向支撑,吊环不得采用冷拉钢筋。

(7)模板加工使用的圆盘锯、电刨、钻床等设备、机具应符合安全操作规程。

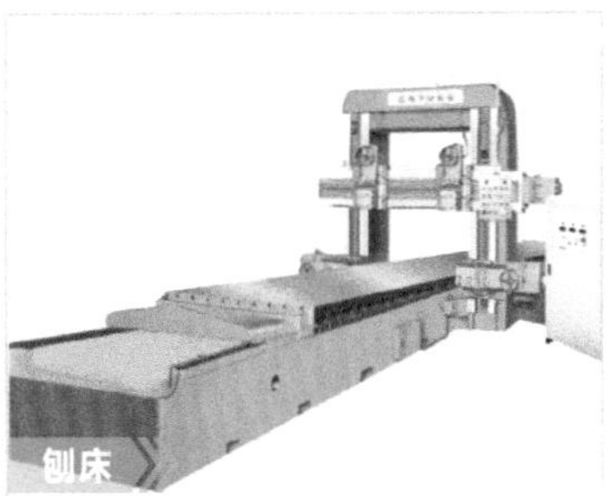

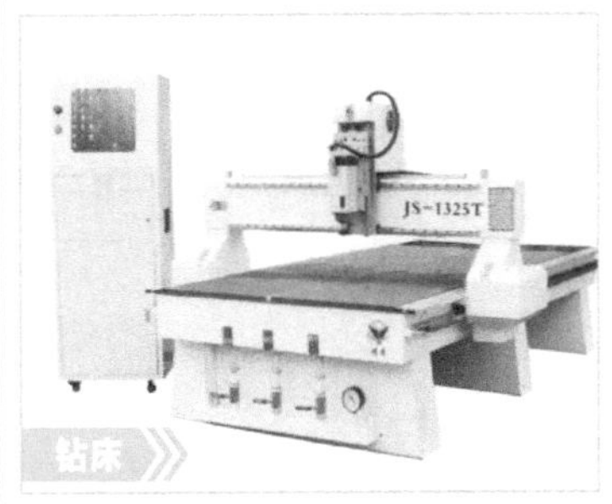

中铁隧道局集团有限公司
XX高速公路XX项目经理部

电刨机安全操作规程

1.xxxxxxxxxxxxxxxxxxxxxxxxxxxxxxxxxxx
xxxxxxxxxxxxxxxxxxxxxxxxxxxxxxxxxxx
2.xxxxxxxxxxxxxxxxxxxxxxxxxxxxxxxxxxx
xxxxxxxxxxxxxxxxxxxx
3.xxxxxxxxxxxxxxxxxxxxxxxxxxxxxxxxxxx
xxxxxxxxxxxxxxxxxxxxxxxxxxxx
4.xxxxxxxxxxxxxxxxxxxxxxxxxxxxxxxxxxx
xxxxxxxxxxxxxxxxxxxxxxxxxxxxxxxxx
5.xxxxxxxxxxxxxxxxxxxxxxxxxxxxxxxxxxx
xxxxxxxxxxxxxxxxxxxxxxxxxxxxxxxxxx
6.xxxxxxxxxxxxxxxxxxxxxxxxxxxxxxxxxxx
xxxxxxxxxxxxxxxxxxxxxxxxxxxx
7.xxxxxxxxxxxxxxxxxxxxxxxxxxxxxxxxxxx
xxxxxxxxxxxxxxxxxxxxxxxxxxxxxxxxxx
8.xxxxxxxxxxxxxxxxxxxxxxxxxxxxxxxxxxx
xxxxxxxxxxxxxxxxxxxxxxxxxxxx
9.xxxxxxxxxxxxxxxxxxxxxxxxxxxxxxxxxxx

中铁隧道局集团有限公司
XX高速公路XX项目经理部

手持式电钻安全操作规程

1.xxxxxxxxxxxxxxxxxxxxxxxxxxxxxxxxxxx
xxxxxxxxxxxxxxxxxxxxxxxxxxxxxxxxxx
2.xxxxxxxxxxxxxxxxxxxxxxxxxxxxxxxxxxx
xxxxxxxxxxxxxxxxxxxxxxxxxxxxxxx
3.xxxxxxxxxxxxxxxxxxxxxxxxxxxxxxxxxxx
xxxxxxxxxxxxxxxxxxxxxxxxxxxx
4.xxxxxxxxxxxxxxxxxxxxxxxxxxxxxxxxxxx
xxxxxxxxxxxxxxxxxxxxxxxxxxxxxxx
5.xxxxxxxxxxxxxxxxxxxxxxxxxxxxxxxxxxx
xxxxxxxxxxxxxxxxxxxxxxxxxxxxxxxxxx
6.xxxxxxxxxxxxxxxxxxxxxxxxxxxxxxxxxxx
xxxxxxxxxxxxxxxxxxxxxxxxxxxxxxxxxx
xx
7.xxxxxxxxxxxxxxxxxxxxxxxxxxxxxxxxxxx
xxxxxxxxxxxxxxxxxxxxxxxxxxxxxxx
8.xxxxxxxxxxxxxxxxxxxxxxxxxxxxxxxxxxx
xxxxxxxxxxxxxxxxxxxxxxxxxxxx

中铁隧道局集团有限公司
XX高速公路XX项目经理部

圆盘锯安全操作规程

1.xxxxxxxxxxxxxxxxxxxxxxxxxxxxxxxxxxx
xxxxxxxxxxxxxxxxxxxxxxxxxxxxxxxxx
2.xxxxxxxxxxxxxxxxxxxxxxxxxxxxxxxxxxx
xxxxxxxxxxxxxxxxxxxxxxxxxxxxxxx
3.xxxxxxxxxxxxxxxxxxxxxxxxxxxxxxxxxxx
xxxxxxxxxxxxxxxxxxxxxxxxxxxx
4.xxxxxxxxxxxxxxxxxxxxxxxxxxxxxxxxxxx
xxxxxxxxxxxxxxxxxxxxxxxxxxxxxxx
5.xxxxxxxxxxxxxxxxxxxxxxxxxxxxxxxxxxx
xxxxxxxxxxxxxxxxxxxxxxxxxxxxxxxxxx
6.xxxxxxxxxxxxxxxxxxxxxxxxxxxxxxxxxxx
xxxxxxxxxxxxxxxxxxxxxxxxxxxxxxxxxx
xx
7.xxxxxxxxxxxxxxxxxxxxxxxxxxxxxxxxxxx
xxxxxxxxxxxxxxxxxxxxxxxxxxxxxxx
8.xxxxxxxxxxxxxxxxxxxxxxxxxxxxxxxxxxx
xxxxxxxxxxxxxxxxxxxxxxxxxxxx

4.2 模板的安装

(1)对于周转使用的钢模,应在使用前进行清洁、除锈,涂抹隔离剂或脱模剂。

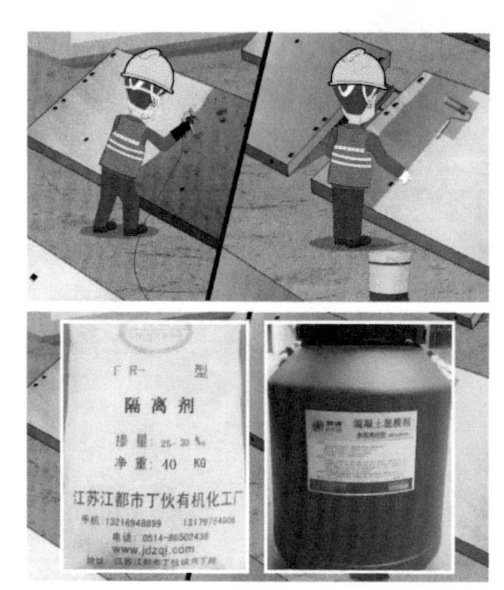

(2)大模板应按设计和施工方案要求进行编码,并在模板背面标注。

(3)在基坑或围堰内支模时,应检查基坑有无变形、开裂等现象,围堰是否坚固,确认安全后,方可进行操作。

(4)采用多人搬运、支立较大模板时,应由专人指挥,动作协调一致,所用绳索要有足够的强度,绑扎牢固。支立模板时,底部固定后再进行支立,防止滑动倾覆。

(5)模板在操作平台上不得集中堆放,应距临边保持一定安全距离。

(6)吊运大块模板时,竖向吊运不应少于 2 个吊点(吊装作业缆风绳),水平吊运不应少于 4 个吊点。

(7)模板宜安装在硬化的基础上,且基础的承载力应满足要求,并应设置排水措施。

(8)安装侧模时,基础侧模可在模板外设立支撑固定,防止模板位移和凸出,模板支撑必须牢固,确保几何形状和强度、刚度、稳定性,拼缝须严密。墩、台、梁的侧模可设拉杆固定。

对小型结构物可使用金属线代替拉杆,拔出拉杆为宜。对大型结构物应采用圆钢筋作拉杆,并采用花篮螺丝上紧。对拉螺杆应松紧适宜,拧得过紧,模板易变形,拧得过松,混凝土浇筑时易爆模和变形。

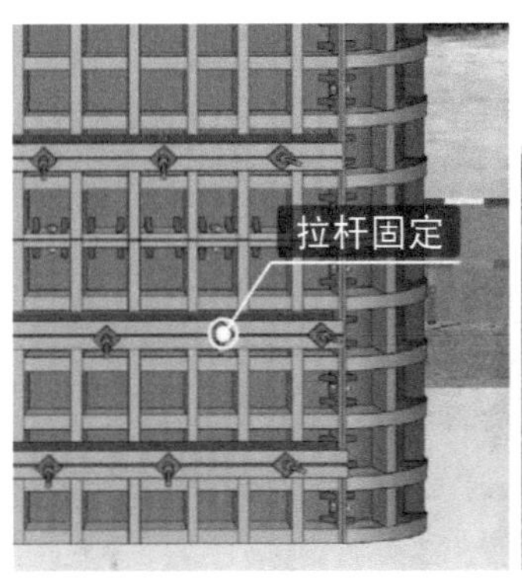

(9)高处立模时应搭设脚手架或施工平台。模板与操作平台应分开设置,以免在脚手架上运输混凝土和工人操作时引起模板变形。做好临边防护并系好安全带,禁止下方有人员作业或通行。模板及其支架必须设置有效防倾覆的临时固定设施。

(10) 模板安装完毕后,接缝应严密不漏浆,平面位置、高程、垂直度、错台、表面平整度等应符合验收标准。

拼装式大模板组拼允许偏差与检验方法

项次	项　目	允许偏差(mm)	检 验 方 法
1	模板高度	±3	钢尺量检查
2	模板长度	-2	钢尺量检查
3	模板面对角线差	≤3	钢尺量检查
4	板面平整度	2	2m 靠尺及塞尺量检查
5	相邻模板高低差	≤1	平尺及塞尺量检查
6	相邻模板拼缝间隙	≤1	塞尺量检查

大模板安装允许偏差与检验方法

<table>
<tr><th>项次</th><th colspan="2">项　目</th><th>允许偏差(mm)</th><th>检 验 方 法</th></tr>
<tr><td>1</td><td colspan="2">轴线位置</td><td>4</td><td>钢尺量检查</td></tr>
<tr><td>2</td><td colspan="2">截面内部尺寸</td><td>±2</td><td>钢尺量检查</td></tr>
<tr><td rowspan="2">3</td><td rowspan="2">层高
垂直度</td><td>全高≤5m</td><td>3</td><td>线坠及钢尺量检查</td></tr>
<tr><td>全高>5m</td><td>5</td><td>线坠及钢尺量检查</td></tr>
<tr><td>4</td><td colspan="2">相邻模板板面高低差</td><td>2</td><td>平尺及塞尺量检查</td></tr>
<tr><td>5</td><td colspan="2">表面平整度</td><td><4</td><td>20m 内上口拉直线钢尺量检查下口按模板定位线为基准检查</td></tr>
</table>

模板质量验收规范				
检控项目	序号	模板质量验收规范的规定		施工单位检查评定
主控项目	1	模板、支架、立柱及垫板	4.2.1	安装现浇结构上层模板及支架时,下层楼板应具有承受上层荷载的承载能力,或加设支架;上、下层支架的立柱应对准,并铺垫板
	2	涂刷隔离剂	4.2.2	涂刷模板隔离架不得沾污钢筋和混凝土接槎处
一般项目	1	模板安装	4.2.3	模板安装应满足下列要求: 1. 模板接缝不影响漏浆;在浇筑混凝土前,木模板应浇水湿润,但模板内不应有积水 2. 模板与混凝土的接触面应清理干净并涂刷隔离剂(但不得采用影响结构性能或妨碍装饰工程施工的) 3. 浇筑混凝土前,模板内杂物要清理干净 4. 对清水混凝土工程及装饰混凝土工程,应使用能达到设计效果的模板
	2	用做模板的地坪与胎膜	4.2.4	用作模板地坪、胎膜等应平整光洁,不得产生影响构件质量的下沉、裂缝、起砂或起鼓
	3	模板起拱	4.2.5	对跨度不小于4m的现浇钢筋混凝土梁、板,其模板应设计要求起拱;当设计无具体要求时,起拱高度直为跨度的1/1000~3/1000

续上表

检控项目	序号	模板质量验收规范的规定			施工单位检查评定
一般项目	4	预埋钢板中心线位置		3	钢尺检查
	5	预埋管、预留孔中心线位置		3	钢尺检查
	6	插筋	中心线位置	5	钢尺检查
			外露长度	+10.0	钢尺检查
	7	预埋螺栓	中心线位置	2	钢尺检查
			外露长度	+10.0	钢尺检查
	8	预留孔	中心线位置	10	钢尺检查
			尺寸	+10.0	钢尺检查
	9	模板轴线位置		5	钢尺检查
	10	底模上表面标高		±5	水准仪或拉线、钢尺检查
	11	界面内部尺寸		±10	钢尺检查
				-5~10	钢尺检查
	12	层高垂直度		-5~6	经纬仪或吊线，钢尺检查
				8	经纬仪或吊线，钢尺检查
	13	相邻两板面高低差		2	钢尺检查
	14	表面平整度		5	2m靠尺及塞尺量检查

4.3 模板的拆除

（1）模板、支架的拆除时间和程序等应按施工组织设计和方案要求进行，危险性较大模板支架的拆除应遵守专项施工方案的要求。任何部位的模板和支撑必须经技术人员同意后方可拆除。

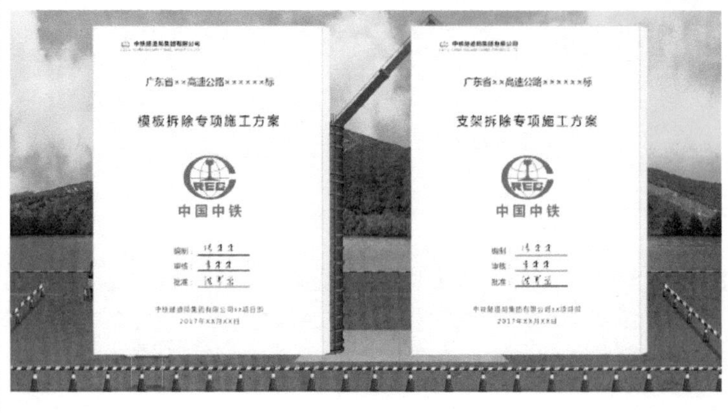

(2)模板支架的拆除应遵循先拆除非承重模板、后拆除承重模板的原则(公路桥梁现浇梁先拆除侧模及腹板模板,再拆除底模),拆除时自上而下分层分段进行。

模板拆除的规范要求			
项次	构件类型	构建跨度(m)	达到设计混凝土立方体抗压强度标准值百分率(%)
1	板	≤2	≥500
		>2,≤8	≥75
		>8	≥100
2	梁、拱、壳	≤8	≥75
		>8	≥100
3	悬臂构件	—	≥100

(3)拆模时,不得用力过猛或硬撬,不得直接用铁锤或撬杠敲打模板。拆下的部件应及时整理、堆放、回收,严禁乱抛(应上下有人接应)。木模板上的铁钉应及时拔除或打弯,防止扎脚。

(4)高处作业时,应将所用工具放置在工具袋内,不得随意放置在平台或模板上,更不得插在腰带上。

5 PART 模板的存放

模板存放场地应坚实平整,木模、钢模、模板半成品应分类堆放。

模板拆除后应及时铲除模板上的残留混凝土,板面刷防锈油(钢模板脱模剂),分类妥善存放(堆放高度不宜超过 2m,薄板分类堆放高度不多于 6 块)并加支撑垫木离地防潮,用篷布覆盖,防止雨水锈蚀板面。

大型模板应存放在专用模板架内或卧倒平放，不得直靠其他模板或构件。

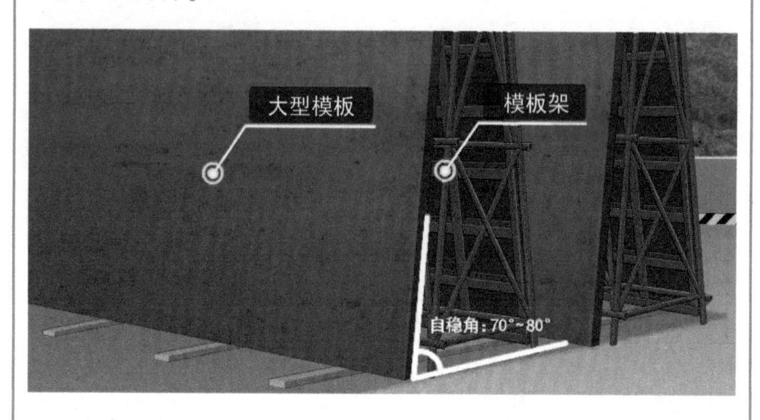

台风频发区或台风到来前，存放的模板应采取防风加固措施。

模板工安全口诀

木模制作设消防　加工场地分木钢
浇筑过程要监控　异响松动及时停
吊装安拆设警戒　纵向对称均匀卸
拆下部件不可抛　木模拔钉要记牢
高处作业设平台　防护栏杆安全带
模板存放要分类　下垫上覆设标牌
防冻防雨泄排水　措施到位保安宁